U0345886

我的 美味小蜜方

WODE MEIWEI
XIAO MI FANG

王晓晓/编绘

西苑出版社
XIYUAN PUBLISHING HOUSE
北京

图书在版编目（CIP）数据

我的美味小蜜方 / 王晓晓编绘 . — 北京 ：西苑出
版社 ，2013.6
ISBN 978-7-5151-0342-6

Ⅰ . ①我… Ⅱ . ①王… Ⅲ . ①菜谱 Ⅳ .
① TS972.12

中国版本图书馆 CIP 数据核字（2013）第 075794 号

我的美味小蜜方

编　　绘	王晓晓	
责任编辑	李雪松　王秋月	
出版发行	西苑出版社	
通讯地址	北京市朝阳区和平街11区37号楼	
邮政编码	100013	
电　　话	52470796	
传　　真	010-88637120	
网　　址	www.xiyuanpublishinghouse.com	
印　　刷	小森印刷（北京）有限公司	
经　　销	全国新华书店	
开　　本	880mm×1230mm　1/32	
字　　数	100千字	
印　　张	5	
版　　次	2013年8月第1版	
印　　次	2013年8月第1次印刷	
书　　号	ISBN 978-7-5151-0342-6	
定　　价	29.80元	

序

我的美味小蜜方

在开始阅读本书前，请相信幸福惬意并不难！

我们会吃，同样自己会做，

我的蜜方、你的尝试，让烹饪变成一种享受

序言

无论是外出旅行，

还是在本地的店里，

能品尝到美味的食物实在是件

非常幸福的事情！

每每在这个时候，

我就会忍不住想，

如果自己动手做可不可以呢？

食材好，健康无添加，

而且还不用出门，

在家里就能吃到好吃的，

真是酷毙了！

怀着这样的想法，

我开始留意各种美食的做法，

抱着试试看的心情

尝试自己烹饪，

其实味道也很棒啊！(咳咳)

美味时光也可以私人定制的哦！

 目录

充满活力的一天
从早餐开始

巧烹鸡蛋

好爱吃鸡蛋！

鸡蛋的烹饪方法人人都会啦！但是要做得又简单又好吃，还是要窍门的哦，一起来做看看！

♥ 太阳蛋

煎太阳蛋时经常会变形，如果用煎蛋圈的话又会不小心粘住～这时候可以用洋葱圈或彩椒圈充当煎蛋圈，好看又好吃呢！

切好洋葱或　　　　平底锅加热涂油，　　　煎熟后撒上盐和
彩椒圈圈～　　　　将蛋打入圈中　　　　　胡椒粉，完成♥

♥ 极简Q弹咸蛋黄

① 在小碗中放入小半碗盐，盐中间挖一个小坑～

② 将蛋黄与蛋清分离后放入小坑中～

③ 用盐将蛋黄埋上，洒～点水，在阴凉处放置2天～

④ 2天后取出蛋黄，冲洗干净，晶莹又Q弹！

⑤ 将蛋黄蒸熟，可以配粥配面，也可以用来做点心馅料！

♡溏心蛋
许多不爱吃鸡蛋的人遇到溏心蛋都会完全没有抵抗力～

① 做卤汁：将酱油和黄酒(或米酒)按3:1的比例混合，放入柴鱼屑、葱段、冰糖，煮沸后关火放凉即可.

② 煮蛋：用针将鸡蛋扎个小孔(防开裂)，放入沸水煮7分钟，捞出放入冰水中泡20分钟，剥壳放入卤汁泡几个小时，完成♡

用线分开～

♥ 芝香煎蛋饼

① 将黑芝麻粒炒香备用～

② 将鸡蛋打入碗中，加入一点牛奶和盐，快速搅打均匀～

③ 将蛋液倒入已加热涂油的平底锅中，翻转使蛋液分部均匀～

④ 蛋液凝固之前撒上芝麻粒，凝固后铲出折叠装盘～

蛋好吃，一天只能吃一颗哦！

好吃的馅饼

说起馅饼就好想吃哦！

香  香

人家马上要吃啦！一起来做吧！

要准备的食材：

面团　　　瘦肉(牛羊猪)　　　蔬菜　　　调味料

步骤：

① 将肉与蔬菜切碎，加入调味料，搅拌均匀～

 ←馅料

② 将面团做成饼皮，有几个种类哦！

A.

比饺子皮大
一倍的圆面皮

B.

与饺子皮一
样大.

C.

大张的方形面皮

③ 将馅料包入饼皮～

 包成大饺子

 压扁

 完成

 在面皮上
放馅料

盖上另一
个面皮四
周压紧～

 完成

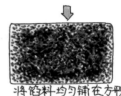

将馅料均匀铺在方形
面皮上～

卷起

切成小段

稍拉长

两端向下弯曲,
压紧,完成！

④ 在锅里涂一层油,将馅饼放入锅中,
煎至金黄,就能出锅了！

幸福幸福！

超好喝的豆浆

买了豆浆机！

能随时在家做出新鲜的豆浆，
太棒了。

我打豆浆的方式是：直接把干黄豆放入豆浆机，
加水，插电开打～

嗡～～～

← 图省事的家伙

做好啦！喝看看！

♫ ♪

热气
腾腾！

重！

没有店里卖的好喝啊···豆渣也怪怪的···

······

？？

为啥呢？

这个情况持续着，直到我听说了一个秘密！

绝对的秘密哟！

郑重

对不起豆浆店···

美味豆浆的制做方法是：

① 将干黄豆翻炒至金黄色，香味溢出～

不能炒太久，金黄色就行～
不要炒焦哦！

② 将炒熟的干黄豆放入清水中，浸泡至黄豆变软～

③ 将泡软的熟黄豆放入豆浆机（泡豆的水一齐倒入）～

嗡嗡嗡…

哇！真的很好喝哦！

自己在家也能做出香浓的豆浆！

擦擦

老上海葱油饼

去上海玩一定要吃一种小吃,就是——老上海葱油饼!别的地方吃不到的哦!

为了随时能吃到,专门学习了制作方法…偷着乐…

材料:小香葱、面粉、油(橄榄油、花生油、色拉油都行)

方法:

① 面粉加水,和成光滑的面团,放入饭盒,盖上盖子醒一个小时~

② 小香葱洗净切成葱花.

③ 将面粉与油混合,加点盐,做成油酥,面粉与油的比例是1:2.

 盐 油 面粉

④ 将面团分成几份,搓成小球,进而拉成长条,压扁成为长面片.

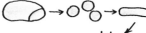

⑤ 在长面片上涂一层油酥，撒满葱花，卷成卷，竖着放置，松弛一下后，用手压成饼。

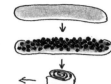

⑥ 在平底锅内涂油，加热，将饼放入锅中，小火慢煎至双面金黄，就能出锅啦！

浓香四溢，焦香酥脆，满口留香，怎么吃都吃不够！大冬天吃一个马上明白幸福的含义！

小贴士：

◎ 正宗老上海葱油饼里会加入猪肥肉丁，怕胖的话可以不放，或用瘦肉丁代替～

◎ 和面的时候加入一点盐，会让面饼更入味哦！

香喷喷的黑芝麻养生美食

吃黑芝麻对身体有非常多的好处哦,而且含黑芝麻的食品永远都那么好吃!做来吃看看!

♥ 黑芝麻糊

有2种不同的方法,都超简单呢!

方法一:

① 将黑芝麻、米粒或面粉分别放入锅中炒熟~

用中小火炒香即可,当心不要炒焦哦!

② 将同等份量的黑芝麻与炒米或者炒面放入搅拌机打成粉~

啊啊啊!   好香!

③ 将打好的粉放入碗中,加入热水搅拌均匀成为糊状,OK!

  依个人口味加糖调味~
香喷喷啊!

小贴士

可以一次性做一星期份的粉,随吃随用,上班族有福啦!

方法二:

①将炒香的黑芝麻、白饭(可以用剩饭)、少量水一起放入搅拌机搅打成浆～　　　　　(牛奶更好哦)

嗡嗡嗡!

②将浆液放入锅中加热至沸腾,加糖后离火,完成♥

♥黑芝麻汤圆

①糯米粉分为2份,其中一份加入可可粉。

②在糯米粉中加入牛奶,揉成面团～

○　　●(较小)　　🍼

③将面团搓成长条,缠在一起,揉成花纹面团

④将花纹面团分成小份搓成小球,用手指压出小窝窝,包入黑芝麻粉(要炒熟后再打粉)和白糖,搓圆~

⑤将搓好的汤圆放入沸水锅中煮熟,完成!

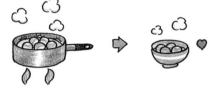

♥抹茶黑芝麻麻吉

① 先蒸(煮也行)一锅糯米饭~

② 将糯米饭放入臼中,加入抹茶粉和奶粉,用杵捣到看不见米粒为止~

③ 将炒香的黑芝麻与白糖放入搅拌机打成粉~

④将糯米团搓成小丸,压成圆片,包入芝麻粉搓圆,蘸点生粉防粘连,完成!
(抹茶粉更好)

♥黑芝麻拌菜
①将绿叶蔬菜(菠菜、茼蒿、苋菜等都可以哦)放入沸水中烫熟,捞出晾凉～

②将黑芝麻炒香打成粉,加入盐、胡椒粉拌均匀～

③将蔬菜中的水分用手挤出,加入黑芝麻粉、芝麻油拌均匀,完成啦!

总结:每种黑芝麻食品都超好吃,超正啊!而且还非常健康,完全无负担哩!

赞就一个字!   可以说N次!

金包银炒饭

巴郎 ei sie mia~ si kong gin ga bao gein~

译：别人啊的性命 系框金和包银~

踹 ki 阄！ ♪ 要！要！

唱金包银歌曲，就要吃金包银炒饭！♥
（不是广告）

材料：
胡萝卜、洋葱、大蒜、青豆、鸡蛋、米饭

做法：
① 将胡萝卜、洋葱、大蒜切成小丁，与青豆一同放入锅中炒，加少量盐，炒熟后起锅备用~

② 将鸡蛋打发，浇在饭上，充分拌匀，确保每个饭粒上都包裹了蛋液哦！

③将油倒入锅中,加热,倒入拌好的米饭~

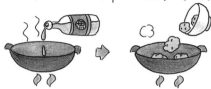

④不断翻炒直到米饭变干散开,饭粒啪啪响,加入盐、胡椒粉,并加入之前已炒好的配菜,炒均匀就可以出锅啦!

♥粒粒分明!
♥色香俱佳!
♥浓香干爽!
♥胃口大开!
♥控制饭量!

好饿!好有胃口!

什么时候没胃口过…

小贴士:

✦使用凉的隔夜饭更容易炒散哦,将米饭放入冰箱冰过也行~

✦起锅之前加盐,味道更好,而且能控制盐份摄入~

✦不要放酱油,保证色泽金黄!

好吃的寿司和饭团

寿司好吃种类多。

还有花式寿司，蛮考技术的

不过，普通的寿司可以自己做，
很方便哦。

需准备的器具有：

竹帘

有齿的刀

还有碗、勺啥的。

  . . .

需准备的食材：

白米

海苔

米醋

小黄瓜

生鱼片或其他食材

砂糖

盐

首先煮饭，把食材切成想要的形状。

饭煮好后，加入适量米醋、砂糖和一点点盐，
迅速搅匀，扇凉。

将海苔放在竹帘上，铺上一层饭，用勺子背压平。

勺子蘸水，
可以不粘。

将黄瓜和生鱼片放在一端。

利用竹帘紧紧地卷起来，压实。

用锯齿刀迅速切成薄块。

刀要蘸水哦！

别急，还有手握的哦！

用手将饭捏成椭圆形或圆形。

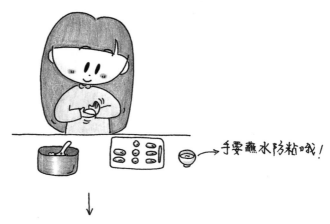

手要蘸水防粘哦!

直接将食材铺在饭团上，也可以缠上海苔，豆皮也行。

饭团也是类似，可以将切碎的食材混入饭内，也可以直接在饭里包入食材。

混入　OR　包入

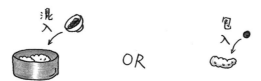

用手捏成三角形, 贴上海苔 就完成啦!

哇, 肚子好饿哦!
我 开 动 啦!

惬意的下午茶时光

软滑的牛奶布丁

布丁又软又滑，是我最喜欢的食品之一，可以自己做哦！

需要准备的材料：

鱼胶粉　　　牛奶　　　砂糖　　　果粒

我用的是最简单的懒人方法！

先将鱼胶粉和砂糖放入小碗中

每碗一茶匙鱼胶粉，
一点砂糖。

将煮沸的水倒入小碗,没过鱼胶粉即可,
迅速搅拌至鱼胶粉完全融解.

搅搅

搅拌完后,立即倒入牛奶,继续搅拌,为了防止
鱼胶粉凝结,动作一定要快!

搅拌均匀后,放入果粒,推荐芒果和黄桃!

静置到常温后，放入冰箱。

冰透后取出，就是美味的布丁！

软绵绵的棉花糖

商店里卖的棉花糖，好可爱哦！

哇——

自己也可以在家做哦！

需准备的食材：

鱼胶粉
20克

水
140克

糖粉
20克

可以跟据自己的喜好调整哦！

先将鱼胶粉和糖粉拌匀～

糖

鱼胶粉

加入水（常温就可以哦！）搅拌均匀～

搅搅

用小火煮沸后倒入大碗！

然后，起到决定性作用的重要工具登场！

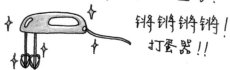

铐铐铐铐！
打蛋器！！

趁着液体很热的时候，使劲打！要打成粘稠的泡沫状哦！（因为变凉了会立刻凝固哦！）

打！
打！

嗡嗡嗡！

继续打！打！

突然——‼

瞬间凝结！！！

已经凉了啊...
人家都没来得及造型...

完全是不规则形状！

放进冰箱冰过（冷藏），就可以吃了喲.

…………

一好吃吧…

这个彩…
嗯，嗯…

其实味道不奇怪啊！
以牛奶代替水，应该更好吃吧！

这样就好吃了嘛！

←放入咖啡中！

松露巧克力

松露巧克力,是一种受欢迎的甜点,特点是不规则的外形,沾了可可粉,看上去和刚从土里挖出来的松露很像,入口即化,口感细滑～

超爱!

自己动手做松露巧克力,简便又实惠哦!一起试试吧♡

需要准备的食材有:

黑巧克力　　　淡奶油　　　无盐黄油　　可可粉
200克　　　　60毫升　　　20克

如需多做可按比例加料哦!

步骤① 用刀将黑巧克力削成薄的碎片~

② 将淡奶油放入锅中加热,边缘起小泡时关火,将巧克力碎屑放入其中~

③ 画圈搅拌至巧克力完全溶化.

速度要快!!

④ 将上面的奶油巧克力酱放至手摸不烫的温度,放入黄油(黄油要事先室温软化哦!)~

黄油

一定要手温哦!
如果过烫,黄油会浮出
不能充分混合!

⑤继续搅拌直到奶油巧克力与黄油完全融合～
要快速！

⑥搅拌到有光泽，倒入大碗，用保鲜膜封好，
放入冰箱(冷藏)～

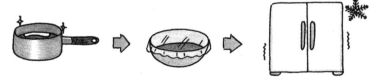

⑦40分钟后取出呈浓稠状的巧克力～
将可可粉放入小碗～

可可粉

⑧用匙子将巧克力取出，整形为一个个小球，形状
可以不规则。

⑨用锅加热融化另外的50克巧克力,做成巧克力酱,
将做好的巧克力球迅速滚上一层巧克力酱!

⑩将滚过的巧克力球放入小碗中滚上可可粉～
滚滚!

⑪静置一会儿然后吃!!

哇～～!

拿来送人也很好哦!

嘿嘿...

美味的果酱

　　果酱起源于古代欧洲,如今在世界各地都十分受欢迎,不仅味道甜美使人愉悦,而且还是保存水果的有效方法呢!

　　草莓、蓝莓、樱桃、醋栗、覆盆子、桃、桔子、芒果、奇异果、苹果等等许多水果都很适合做成果酱哦!

　　一起来试着自己做果酱吧!
　　以草莓为例,需准备原料:草莓600克,砂糖600克,柠檬1个.

做法:
① 将草莓去蒂,洗净沥干.

② 将草莓和一半砂糖倒入锅中,开中火煮,同时用锅铲将草莓压出汁液~

③ 倒入剩余的一半砂糖,挤入一个柠檬的汁,搅拌均匀~

→ 加入酸味的柠檬汁能防止糖晶体形成。

④ 果浆液沸腾后,时常搅拌防止糊底,保持沸腾20分钟.

⑤ 与此同时对果酱瓶进行清毒,将玻璃瓶、盖子、不锈钢烧烤夹放入深锅中,加水煮至沸腾,保持沸腾20分钟~

水要没过瓶子哦!

将一个小碗放入冰箱中~

⑥果浆液减少 40%左右时，从冰箱中取出小碗，将少量果酱滴在碗中，一分钟后轻轻摸一下果酱，如果表面形成了薄膜且不粘手，则表示果酱达到凝结点了，如果粘手，就多煮会再试下，直到达到凝结点就可以关火了！

OK！

⑦用筷子将烧烤夹捞出，用烧烤夹将瓶子夹出来沥干水分~

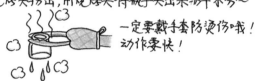

一定要戴手套防烫伤哦！
动作要快！

⑧立即将果酱倒入瓶中，不要装太满哦！

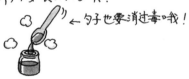

←勺子也要消过毒哦！

⑨迅速将盖子从沸水中夹出，甩干水分后盖在瓶子上 拧紧~

⑩将整瓶果酱放入深锅中，保持水沸腾20分钟，取出后再次拧紧(冷却至室温后再拧)~

完成♡

总算松了一口气！做果酱的过程还是蛮紧张的！

♥ 小贴士 ♥

· 糖越多越容易达到凝结点～

· 拧瓶盖时手不要碰到瓶口，防止污染～

· 装好瓶的果酱在阴凉处能放1年哦，开瓶后需放入冰箱，可以保存一个月！

下午茶好搭档——英式蛋白酥 MERINGUE

周末慵懒的午后,喝上一杯下午茶,享受轻松的午后时光,是最惬意不过的事情啦!♡

做一份英式蛋白酥,让下午茶更完美!

(Meringue)

❀多口味塔形Meringue:

材料:

2颗常温鸡蛋 ◯◯,100克白糖粉 (糖),调味品(抹茶粉,可可粉等)

方法:

① 将蛋黄与蛋清分离,蛋清放入大碗中用电动打蛋器打至硬性发泡。

② 将白糖粉分几次筛入蛋白,同时继续搅打,保持蛋白硬性发泡~

③ 将蛋白装入裱花袋,在烤盘上放油纸,将蛋白挤在油纸上,成为可爱的塔形~

110℃

④ 烤箱预热110℃,低温烘烤蛋白50分钟左右,直至蛋白干燥~

⑤ 出炉后晾凉,筛上可可粉或抹茶粉,OK了!

🌸水果 Meringue nests：

方法：

①同样使用硬性发泡的糖粉蛋白，挤在油纸上后，用勺子轻轻将尖顶部位压凹一点，然后将勺子平移开，避免将尖顶再带出来～

②将蛋白放入烤箱110℃烤50分钟，同时将奶油用打蛋器搅打至硬性发泡！

③蛋白出炉后晾凉，挤上打发的奶油，并放上草莓等水果，完成啦！

小巧可爱的Meringue！

一起 喝上一杯吧！

陶醉状～～～

小贴士：

✦110℃烤出来的Meringue是白色的，如果在烘烤的最后几分钟将烤箱温度调到180℃～200℃，可以让Meringue的表面出现美丽的金黄色喔♥

欧
呵
呵
…

和风茶巾绞

茶巾是日本茶道中用于擦茶具的细麻布，茶巾绞是用茶巾绞出来的小茶点。

红薯、紫薯、芋头、南瓜、板栗等食材都可以用来制做茶巾绞，里面包裹红豆沙或者芝麻蓉、莲蓉等可随意，香甜软糯～

方法好简单：

① 以紫薯为例，将紫薯煮熟或蒸熟，去皮，盖上保鲜膜，用大勺子压成泥

② 在一块干净的纱布(或保鲜膜)中间放上薯泥，压成扁圆形，放上一粒搓圆的红豆沙丸，将纱布四角提起，使薯泥包住豆沙丸，顺一个方向绞紧后打开～

③ 装盘,在顶部装饰,完成!

软糯的茶巾绞,淡淡的甜味,才配得上一壶香茶

感动 ♡

好吃的冰淇淋

冰淇淋是夏日必备的美食！

好吃！

冰淇淋的做法相当简单，自己在家做做看吧！

以15人份为例，需要准备的材料有：

牛奶1000毫升　鲜奶油250毫升　砂糖300克　蛋黄8个　鱼胶粉5克

① 用15克水将鱼胶粉溶解～

 搅拌均匀.

② 将蛋黄搅拌均匀后，加入砂糖搅匀。

③ 将牛奶与鲜奶油混合后加热煮开～

④ 将牛奶、奶油混合液分几次缓缓加入蛋液中，一面加一面搅拌。

⑤ 将④搅拌均匀后，小火加热，缓慢搅拌至浆液稠厚，勺子后背能挂厚浆即可。

测试 → 挂浆OK！

千万不能心急，注意不要沸腾哦！

⑥ 离火冷却，加入鱼胶液～

⑦ 时常搅拌，冷却至常温后放入冰箱冷冻～

需覆盖保鲜膜哦！

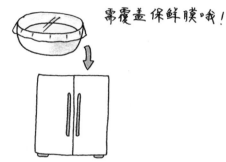

⑧ 每40分钟取出加以搅拌，完全冷冻后即完成了！

取出适量，加入水果，好好享受冰凉一夏！

♥ 啦啦啦啦～

慕斯蛋糕

慕斯蛋糕起源于浪漫的美食之都巴黎,它的浓郁丝滑,细腻清爽的口感,俘获了众多甜点爱好者的芳心 ♡

MOUSSE

材料:

牛奶100毫升　　鲜奶油250克　　糖粉60克　　鱼胶粉15克

蛋黄3个　　果粒250克　　朗姆酒10毫升

方法:

① 将鲜奶油从冰箱中取出,搅打成为粘稠状,可以拉出小尖尖即可,放回冰箱冷藏备用~

② 将糖粉加入蛋黄中,隔热水搅打直到发白成为蛋黄糊~

③ 将鱼胶粉加入牛奶中,加热至鱼胶粉完全溶解。

④ 将水果粒搅打成为果泥，滤出果汁，果泥备用～

⑤ 溶入鱼胶粉的牛奶精降温(60℃左右)，加入蛋黄糊、水果泥、朗姆酒，搅拌均匀成为粘稠的糊状～

⑥ 糊糊可放入冰箱降温，完全凉透后，与打发的奶油糊混合，用刮刀上下慢慢翻拌均匀～慕斯糊OK了！

⑦ 将戚风蛋糕切成模具的形状，垫在模具底部～

啪 啪

⑧ 将慕斯糊缓缓倒在戚风蛋糕上，轻轻震动模具使糊平整～

⑨ 在模具上覆盖保鲜膜，放入冰箱冷冻或冷藏3小时，取出用热毛巾捂一下，脱模！慕斯蛋糕做好啦♡

3小时

嗯～

小贴士：
🍓朗姆酒的功效是给蛋黄杀菌，用白兰地也可以哦！
🍓打发奶油及混合奶油糊的时候，要保持奶油低温，否则奶油不易打发，奶油糊也会化掉～
🍓可以用碎饼干混合黄油，代替戚风蛋糕做底～

香浓冰滑～

杨枝甘露

杨枝甘露是人气超高的港式甜品,好吃的没法说!去甜品店必点的喔!

← 最爱杨枝甘露!

材料:

芒果500克　　西柚2片　　西米50克　　冰糖40克

椰浆80克　　牛奶30毫升　　水100毫升

方法:

① 在锅中加入几杯清水,加热至沸腾后放入西米,文火煮20分钟左右,待到西米粒中间出现小白点,关火加盖放置10分钟至完全透明,放入冰水或冷水冲洗后捞出待用~

要慢慢搅拌

 15分钟

② 将冰糖放入100毫升水中，文火煮15分钟左右至冰糖完全溶化成为糖浆，备用～

③ 将芒果从中间切开，以十字花刀的方式将芒果肉切成格子状，进而将芒果肉切成小丁丁～

④ 将60%的芒果肉与糖浆、牛奶、椰浆混合，放入搅拌机打成果浆～

⑤ 将西米铺在碗底，倒入果浆，铺上芒果丁丁和剥好的西柚，杨枝甘露完成啦 ♥

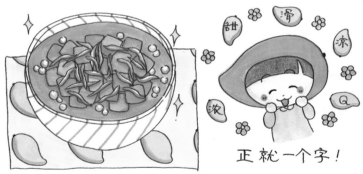

甜 滑 凉 浓 Q

正就一个字！

小贴士：

🥭 可以将芒果先冷藏降温，味道更好喔！

🥭 可以用蜂蜜代替糖浆，用椰汁代替椰浆，热量更低，美味不减！

健康饮食每一天

在家也能做腐竹

腐竹是一种传统
素食,健康又好吃!

超爱!

但目前市面上腐竹中的各种添加物让人担心!

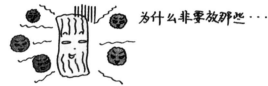

为什么非要放那些···

不能割舍对腐竹的喜爱,就自己在家做吧!

啦啦啦!  安全啦!

要准备的器具:

大锅一个　　　　饭桶一个　　　　筷子两双~

① 首先磨豆浆～

② 将鲜豆浆放入大锅中,继续加热～

哗——

③ 加热至锅周边冒小泡,调至文火加热,不能让豆浆沸腾～
豆浆表面开始慢慢形成豆皮,几分钟后,豆皮变厚起皱～

④ 将筷子抹食用油,架在饭桶沿上～

⑤ 关键步骤，成败在此一举！
  用筷子将豆皮从锅的一边轻轻推到另一边～

轻轻夹起豆皮，迅速提起，将豆皮晾在木桶上的筷子上！

☆ 要领：冷静，果断，迅速！

如果豆皮掉进
锅里就捞不起
来了！

⑥ 继续加热豆浆，重复上述动作，直到不再形成豆皮。
  豆皮在筷子上晾几分钟后，就是新鲜腐竹了！

在阳光下晾晒一天，就是干腐竹了哦！

安全健康的奶酪和豆腐

奶酪和豆腐都是营养丰富又美味的食品！

 &

但市面上的奶酪和豆腐有时会有不应该的东西伴随着他们。

哼哼哼哼！

有木有

(诺诺，加那些真的能省很多钱哦？)

自己在家做吧，很简单很方便哦！

啦啦啦！

为什么奶酪和豆腐要放在一起讲?
因为它们的做法非常相似哦!

方法:

① 将牛奶和豆浆加热到 90℃ 左右～

不要沸腾哦!

② 柠檬挤汁, 用勺子将柠檬汁分次缓慢加入锅中～

③ 锅中的牛奶和豆浆开始结团, 此时将煮过的已消毒的
纱布折叠两次 (四层) 平铺在蒸笼上～
蒸笼下面放锅等较大的容器～

← 电饭锅内胆

④ 关小火, 保持温度, 等待 10 分钟左右, 待到团状物
足够大, 用汤勺捞出放在纱布上, 或者整锅缓慢
倒在纱布上～

此时液体会通过
纱布流入锅里,
团状物会留在
纱布上～

⑤ 将纱布收口，扭紧扎起来～

⑥ 在上面压上重物，如装水的盆，字典，石头啥的～

隔菜板

⑦ 等几个小时后，解开纱布，奶酪和豆腐就成形了！
如果喜欢吃硬的，可以压久些哦！

 完成 ♥

挤奶酪剩下的乳清可以喝，也可以做面膜哦～
挤豆腐剩下的液体可以浇花哦！是有机肥咧～

总结要领：保持温度对结团和成形都很重要哦！
柠檬汁可以用白醋替代！

对毛豆的特殊偏好

毛豆啊，真的很好吃的样子！

经常去熟食店买，自己都会很不好意思！

买一些这个
毛豆···

欢迎光临！

女生爱吃毛豆，让人觉得很害羞···

好哇！
嘀啊
嘀啊
嘀啊！

人家都是这样
吃···

买生毛豆就坦荡多了, 自己煮很方便哦!

毛豆洗干净备用, 要准备的调料还有:

胡椒粉

八角一颗

盐

将毛豆放入锅中, 加适量水 (没过毛豆),
放入八角和盐, 盖上盖子煮.

煮开锅后，开盖煮，以便收干水分，
让调料入味，并加入胡椒粉。

超简单的。

一定要煮熟，但不要煮太软哦！
时不时尝一个，熟了就立刻关火～
　　　装盘上桌啦！

好哇！
嗨啊嗨啊嗨啊嗨啊！！

开水解忘.　→

清蒸鱼大秘诀

特别爱吃鱼！味道好，吃不胖，还对脑子好。

喵喵喵！

做鱼,最好的方法肯定是清蒸啦！原汁原味,爽滑可口,最大程度保存了鱼的营养,而且对身体完全无负担哦!

蒸鱼

噻~

可是有秘诀的哦!

秘 1. 选用体重500克左右的鱼,火候比较好控制!鱼请卖鱼师傅收拾好~

500g

秘 2. 在鱼内外涂满油,并沾满料酒或白酒~

秘 3. 切很多生姜丝和大葱丝,垫在鱼下,并铺满鱼身!葱姜丝能很好的去除鱼的腥味,还能带出鲜味哦!

☆ (秘) 4.将蒸锅中的水烧开,
放入鱼,同时放入装调
料的小碗(酱油.香油)。

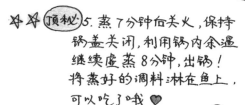

☆☆ (顶秘) 5.蒸了分钟后关火,保持
锅盖关闭,利用锅内余温
继续虚蒸8分钟,出锅!
将蒸好的调料淋在鱼上,
可以吃了哦 ♥

(人) (间) (极) (品)

小贴士:

○一定要水烧开后再放入蒸~
○调料蒸后会除去生涩的口感,变得柔和温润,
和鱼肉完美结合为一体!
○如果是蒸较大的鱼,重量在1000克以内的,可以
适当延长蒸的时间3分钟左右,关火后虚蒸的
时间仍为8分钟~
○可以在鱼身下架两根大葱,以便于大鱼迅速受热!

鲜嫩甜香…
怎么会这
么好吃…

一个人(猫)吃掉一整条!
喂!!

最下饭的酸甜排骨

哇，酸甜排骨，光想想就觉得很下饭！可以算得上是人气最高的菜之一！

方法：

① 将排骨砍成小块，可以在买的时候请师傅帮砍好～

② 在装排骨的碗中加入黄酒（料酒）、酱油、一点盐、胡椒粉，搅均匀，放至几小时入味！

③ 在锅中加入油，预热！

④ 在腌好的排骨中洒上淀粉，搅拌均匀，下油锅炸成金黄色～

⑤ 将陈醋、酱油、糖、料酒混合均匀～

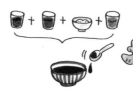

酱油和白糖能带给排骨漂亮的颜色和亮度，也可以加入姜片提味哦！

⑥倒掉锅中的油,放入陈醋、酱油、糖、料酒、姜片的混合物,加热片刻,将炸好的排骨倒入锅中混合均匀,不断翻炒～

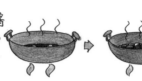

再来一碗饭!

⑦待汁水收干,就可以装盘

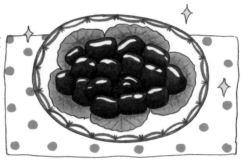

小贴士:

☆ 可以用米醋代替老陈醋,加入菠萝块、青红椒丝、洋葱丝,口感清爽又鲜甜!

☆ 起锅前撒入孜然粉,味道超香的!

☆ 用猪肉块代替排骨一样好吃,而且还可以用生菜叶或面饼包着吃,太赞!

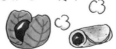

山药小光饼

山药绝对是好东西啊，
补脾胃、补肾、补肺、降糖、
降血脂、减肥……
对身体大大的好！

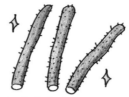

粗粮细作，用山药做个小光饼看看！
材料：

| 山药 | 鸡蛋 | 蜂蜜 | 牛奶 | 糯米粉 | 奶粉 |

方法：

① 将山药洗干净、切段，
入锅蒸熟～

② 将山药剥皮，铺上保鲜膜，
压成山药泥～分成做馅和
做皮的两块。

③ 将糯米粉、奶粉分几
次和进山药泥，轻轻揉，
使山药泥变光滑～

奶粉   糯米粉
做皮用

④ 将另一块山药泥加入鸡蛋、蜜、
少量牛奶，充分搅拌均匀。

搅搅
做馅料

⑤ 将山药泥面团搓成小
球，压扁，包入搅均匀的馅
料，包好压成小饼～

⑥将小饼双面都蘸些生粉防止粘连,放入平底锅,不用放油,小火煎至两面都微黄,出锅咯!

也可以将烤箱加热到180℃,放入小饼烤10分钟左右,爱吃芝麻的话也可以撒些芝麻再烤!

 →

除了山药,芋头、番薯、马铃薯等等都可以使用这个方法,做出口味各异的美味小光饼哦!

软糯!外皮Q弹,内陷绵软,干爽一点,都不油腻,当茶点最赞了!

大爱

嗯‥嗯

芝士焗番薯

朴实无华的番薯香气扑鼻又养份十足,对肠道有很好的调节作用喔,好吃的芝士焗番薯制作方法很简单呢!

材料:
番薯、蜂蜜或红糖、脱脂奶粉、一点牛奶、白芝麻粒、芝士片。

方法:

① 将番薯蒸熟,剥皮后用大勺子压成泥~

② 将蜜或红糖、奶粉、牛奶与薯泥混合,捏成小番薯的形状!

③ 将白芝麻撒在薯泥上,铺上一片芝士,放入铺油纸的烤盘,进入预热200℃的烤箱中烤10分钟~

美味怀旧的芝士烤番薯最适合在秋天品尝!如果是外出秋游烧烤,可以直接将番薯切段,在截面挤上蜂蜜,铺上芝士片,用锡纸包裹放上碳火或落叶中烘烤哦!

新鲜出炉喽!

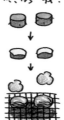

最简便的洗水果方法

天天都要吃水果补充营养,但是总担心水果洗不干净,真是伤脑筋!

其实,只要在洗水果的水中加入两样东西——小苏打和面粉,就能轻松洗干净水果哦!洗小粒水果最适用!

方法:

① 将水果放入盆中,撒入小苏打和面粉各一小勺~

水变得白白的.

② 在盆中注入清水,用手搅动几下,放置20分钟左右~

③ 泡20分钟后,用手反复搅动水,简单搓洗一下,水果就干净又闪亮了!

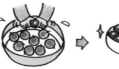

小秘密:

☆水果表面的农药是油性的,呈酸性,碱性的小苏打能与其中和,从而去除农药~

☆面粉颗粒悬浮在水果,能方便的带走水果表面的灰尘和脏东西哦!

四季美食汇

新春花花饺子汇

饺子是广受欢迎的传统美食,也是著名的年节佳肴,古时候称为"角子"、"娇耳",距今已有一千八百多年的历史了!

相传是张仲景发明的哦!

在中华民俗中,除夕守岁吃饺子,取"更岁交子"之意,"子"为"子时","交"与"饺"谐音,有喜庆团圆和吉祥如意的意思!

饺子在全国各地都非常流行,广东虾饺、上海锅贴饺、扬州蟹黄饺、山东高汤饺、东北老边饺、四川钟水饺、西安饺子宴都超好吃的!

新春佳节来临之际，自己动手包可爱又好吃的饺子，是件非常有趣的事情呢！

饺子馅心可以根据自己的喜好搭配，加一点芝麻油味道更赞！

在面粉中加入蛋液和色彩鲜艳的蔬菜汁和成面团，可以做出五颜六色的饺子皮喔！稍微硬一点的面团做出来的饺子形状更好看。

苋菜汁　　菠菜汁　　紫甘兰汁　　南瓜泥　　胡萝卜汁

包饺子是技术活，我们只要加一点点小创意，就可以把饺子包得好看又有趣！下面介绍几种花式饺子的包法：

梅花饺

① 擀好圆形面皮，在一面粘些面粉，朝上放置，向上折起五个边，翻过来成为一个五边形。

② 在中间放馅，将五个角向中间捏合，然后将之前折起的五个边拉起来就OK！

蝴蝶饺

① 圆形面皮，中间放馅，拎起两边的面皮向中间捏上一点～

② 将上下两端的面皮捏合，整形一下，完成！

 ←上方拉大拉平些～

四喜饺

① 准备四种颜色的馅料.

鸡蛋馅　　胡萝卜馅　　青菜馅　　肉馅

② 圆形面皮中间放馅，将四个边向中间捏合一点，留下四个小洞不要捏合，在小洞中填满不同颜色的馅料，完成！

金字饺

圆形面皮中间放馅，将三个边向中间捏合，完成了！

元宝饺

圆面皮中间放馅,上下对折捏合成为半月形,将两个角弯曲捏合,完成!

福袋饺

将面团捏成杯形,放入馅,收口捏合,在收口处系上海带丝～

金鱼饺

圆面皮中间放馅,上下对折为半月形,捏合为,在1/3的缝处将三个边向中间捏合一点,留下三个小洞不要捏合,在上面两个小洞中填入馅料～最后将金鱼的尾部拉大些,完成!

另外,还可以用海苔剪成眼睛嘴巴,粘在饺子上也很可爱哦!

吃自己包的饺子,幸福真的好简单♥

百变土司，春游好搭档

宜人的春季是外出郊游的好时节！

用百变吐司片做成便于携带的点心，一起郊游去！

🌸 肉松吐司卷

方法：

① 将吐司去边，切成方形～

② 在去边的吐司上涂满芝麻酱或者花生酱，撒满肉松～

③ 将海苔片剪成长方形，把吐司卷成卷，缠绕海苔固定，完成 ♥

 香蕉花生酱三文治

方法：

① 香蕉切成片状

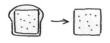 →

② 吐司去边成为正方形～

③ 在吐司上涂满花生酱，铺满香蕉片～

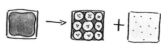

 → ♥

④ 盖上一片吐司，对角线切成三角形～

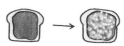 吐司小比萨

方法：

① 在吐司片上涂满番茄酱，撒上一层碎奶酪

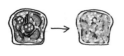

② 将自己喜欢的食材铺在碎奶酪上，比如番茄片、火腿片、碎青椒、洋葱等等，然后再撒一层碎奶酪～

③ 放入预热 160℃ 的烤箱烤10分钟，或者微波1分半钟也可以的哦！

 OR

吐司小比萨，
赶紧包起来 ♥

吐司水果蛋糕.

其实不是蛋糕啦，只是形状像蛋糕而已！

方法：

① 将水果(比如草莓,芒果)切成小片～

 ② 在淡奶油中加入糖粉,搅打至硬性发泡！

③ 准备三片吐司,涂满打好的奶油,铺上水果～

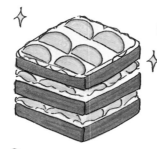 ④ 将三片吐司叠在一起,完成！

和蛋糕一样耶！喜欢！

吐司水果派

方法：

① 选择柔软的水果,如黄桃、香蕉、芒果等,切小块～

② 取一片去边吐司,用手压扁些,放上水果粒,对折吐司,边缘用手压实～

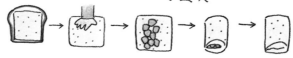

③ 将鸡蛋打发，将对折
的吐司放入蛋液，蘸均匀~

④ 放入平底锅小火慢煎，双
面金黄就OK啦！

咬一口，果粒就
会缓缓流出来，
当心烫口哦！

明媚的春天，一起来享受美味的吐司小点心吧！

夏日必备七彩冰

炎炎夏日的午后，来根冰棒清醒一下，是件非常幸福的事～

自己做冰棒，不仅好吃，便宜，而且也不用担心添加剂和高热量♡

基本上，所有的水果都可以用来做冰棒，多汁的最好，将水果榨汁倒进模具，放入冰箱冷冻就可以咯！

把不同颜色的水果组合起来可以做成彩虹冰棒喔！分别将西瓜、芒果、木瓜、奇异果、甜瓜榨成汁，用勺子慢慢沿着模具边缘一点一点倒进去，就不会混在一起了！

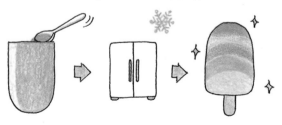

用块状水果装饰冰棒也是很棒的主意喔！

另外还可以用果汁、花草、小果实做成花式冰块，用来为饮品降温也很不错呢♥

没有冰棒的夏天不完整，天天有冰棒，才是完美夏天，一起度过清凉一夏吧！

清新的海洋之风——鲜虾香橙米堡

炎热的夏季是去海边度假的好时节！

耶！

不要忘记带上好吃的喔！做个口味清爽的
鲜虾香橙米堡吧！

方法：

① 取鲜虾几只，放入开水中
焯熟，晾凉去壳备用～

 上下各切一刀

⬇

 切去外皮 ➡ ② 将一个香橙去皮取出果肉～

 切成两半，一片一片取出果肉

③ 将虾仁与橙肉放入大碗，撒
上盐、胡椒粉、碎薄荷叶，用手
搅拌均匀～

④在煮熟的米饭中加入鱼肉松、切成细丝的紫苏叶、鸡蛋液、淀粉,拌均匀,做成两块厚1.5厘米的圆饼,放入平底锅小火煎至饼面微黄。

⑤在米饭圆饼中间夹上拌好的虾仁和橙肉,还可以按自己的爱好夹入生菜叶、杏仁片增加口感~

脆滑的虾仁,酸甜的香橙肉,清凉的薄荷叶,口味独特的紫苏叶,咸香的鱼肉松,焦香的米饭饼,加上爽口的生菜叶和香脆的杏仁片,好多层次的味道!

吃完华丽丽的鲜虾香橙堡,充满元气的奔向大海,享受海洋之风吧!

开胃爽口的酸粉

　　酸粉在我国多个省市(特别是南方)都广受大众欢迎，夏天里吃上一碗，开胃解暑，好吃得不得了！

越说越想吃！

　　各地酸粉稍有不同，我们可以按照自己的爱好加入调料，做出可口的凉拌酸粉哦！

　　我的方法：

①将圆米粉放入沸水中煮熟，快速捞出放入冰水中降温，这样的米粉Q弹又爽口哦！

②加入所有自己喜欢的配料：

白胡椒粉，麻油，蚝油，陈醋，紫苏叶，柠檬汁，叉烧肉，

花生米，黄瓜丝，绿豆芽(沸水烫过)，蒜末，芝麻

也可以选择加入葱花，香芹，香菜，姜末，花椒粉，豆腐皮～

③拌均匀就可以吃了哦！

真的好好吃！越吃越想吃！
能不能天天吃这个！

嘶噜～

嘶噜～

嘶噜～

嘶噜～

嘶噜～

嘶噜～

超萌花式月饼

过中秋, 好开心!

花一点点心思, 自己做月饼, 能有效控制热量, 美味实惠, 而且超特别喔!

可爱   可爱

各种各样的饼皮和馅料能组合成N种好吃的月饼, 先来看饼皮吧, 最具人气的当然是冰皮和巧克力脆皮!

冰皮的制作方法:

①用蒸或煮的方法做出糯米饭.

②在糯米饭中加入炼乳,并可加入苋菜汁、紫甘蓝汁、菠菜汁、抹茶粉、可可粉等能增加颜色和口味的食材.

OR OR OR OR AND

也可加入胡萝卜汁、芒果汁、南瓜泥等.

③用石臼将糯米饭捶到看不到米粒为止,搓成小球,压成圆片,冰皮就完成啦!

嘿咻

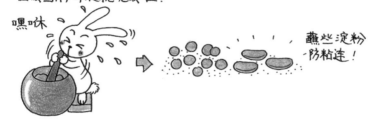

蘸些淀粉防粘连!

至于巧克力脆皮,更加简单咯~

①将巧克力切成小块,放入干净无水的碗中,隔60℃热水将巧克力溶化.

②用刷子将巧克力刷在模具中,冰格也行,冷却凝固后再重复多刷几次,以便达到一定的厚度~

③ 一般使用冰淇淋搭配巧克力脆皮,将溶化的冰淇淋倒入刷满了巧克力的模具(不要太满唯),放入冰箱冻结后取出来～

也可以加入草莓、樱桃或其他果粒!

④ 倒上剩余的巧克力液,封住冰淇淋心,放入冰箱再次冷冻,凝固后就OK啦!

底部也可以使用白色巧克力做出双色效果!

下面是馅料:

许多食材都很适合做馅料,纯馅心、心中心、混合心都很不错唯!馅心可以直接在超市购买,或者自己在煮熟的食材中加入一点橄榄油、糖粉或炼乳,精加炒制也可以呢!

南瓜心　　红豆心　　绿豆心　　香芋心　　栗子心

红薯心　　紫薯心　　芝麻酱心　巧克力酱心　花生酱心

另外,慕斯、冰淇淋、鲜果粒、果酱做馅心味道也是超赞的!

以心中心为例,制作超简单:

① 将大馅心压成圆片状

② 包入小馅心丸或酱心,搓圆即可!

包起来

(不同的馅料包几层,好吃又好看!)

关键步骤:做饼!

① 将丸形馅心包入饼皮,搓圆.

② 撒上熟糯米粉或淀粉,放进抹了粉的月饼模具中,用力按压,一次成形~

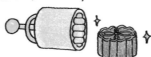

　　如果有可爱的模具更好喔,也可以发挥想象力,手工做出可爱的月饼!可以用不同颜色的饼皮和海苔剪出图案装饰其上~

萌就一个字!
好舍不得吃哦

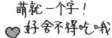

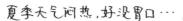
爽口又补钙的酥骨沙丁鱼

夏季天气闷热，好没胃口…

电量低…

夏季倦怠

难得胃口差！

一定要振作起来，好好吃东西啊！

← 没少吃.

今天做个下粥的酥骨沙丁鱼吧 ♥

材料：
沙丁鱼几条(小型的其他鱼也行，比如罗非鱼)

面粉 　　　豆豉 :::　　　胡椒粉　　料酒

酱油 　　老陈醋 　　花生油　　盐 姜

白糖

方法：

① 将沙丁鱼内脏去除，清洗干净，在鱼两侧各划开两个口子～

② 用纸巾将鱼表面的水吸干，撒点盐，腌10分钟～

③ 将腌好的沙丁鱼裹满面粉，放入预热好的油锅中炸成金黄色！

薄薄一层面就好

④ 将酱油、料酒、老陈醋、白糖、豆豉、姜丝、胡椒粉按自己喜爱的比例放入碗中，调和成浓郁的汁液～

⑤ 将炸好的鱼放入高压锅，倒入调好的汁液，加一点水，使汁液没过鱼身～加盖，按下"鸡·肉·鱼"的按钮，剩下的工作就交给高压锅了！

完成后出锅装盘，香味浓郁，口感酥软，鱼骨头也可以吃哦！
看着就饿！

 电力十足！

和白粥真是绝配！

← 整条吃下去的某人(猫)

秋日的法式烤苹果

烤苹果是一种极具特色的法式甜点,自己在家动手做,随时随地享受法兰西风情~

① 先做馅料:
将葡萄干用朗姆酒浸泡一小时,加入黄油、碎坚果、肉桂粉、红糖,搅拌均匀,馅料做好啦~

② 用刀和勺子从苹果顶部挖,将果核挖去,不要将底部挖穿~

③ 将馅料填入空洞,塞实些

④在铺有锡纸的烤盘上涂一层黄油,将苹果放在烤盘上,
放入预热好的烤箱,180℃烤40分钟至苹果软化~

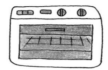

⑤制做浇汁:
将50克砂糖、80毫升朗姆酒、半小勺肉桂粉一起放入
锅里加热至沸腾,继续用文火加热3分钟即可

⑥将浇汁淋在烤好的苹果上,完成啦♡

也可以将苹果包在锡纸里,埋入落叶堆里烤,别有
一番风味♡

爱吃也要瘦

无油健康脆薯片

薯片香香脆脆,真的很好吃哦,但是热量太高,吃多了很容易发胖呢!

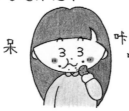

呆 　　咔嗞 咔嗞

自己动手做无油健康薯片吧,能有效降低热量喔~

方法:

① 将马铃薯洗净削皮,切成薄片,越薄越好~

② 将薯片放入清水中,泡掉淀粉

③ 在大盘子中铺入蒸笼布或牙签,将泡好的薯片平铺在
  盘子上～

撒点盐

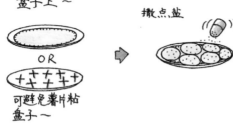

OR

可避免薯片粘
盘子～

④ 将整盘薯片放入微波炉或烤箱,加热至薯片酥脆,完成♡

加热5至
10分钟即可,
越厚所需
时间越多哦

咔嗞   咔嗞   赞!

健康又美味喔♡

细腻嫩滑的大米布丁

大米布丁细腻滑溜,清香四溢,让人爱不释口!有冰的和烤的两种类型,在家随时都可以做做看呢!

○冰凉爽滑型○

材料:米饭、牛奶、白糖

米饭和牛奶的比例是1:5,按煮粥的份量来就对了。

方法:①将米饭、牛奶、白糖一同放入锅中,小火煮至呈稠厚粥样~
②起锅,倒入小容器,晾凉后放入冰箱冷藏3小时,冰透即可!

时不时搅拌一下,不要糊底~

小贴士
○可以用椰奶代替牛奶哦!
○加入抹茶粉、可可粉、红花、香草英,或是其他喜欢的调料,打造不同口味的大米布丁!
○可以在布丁上加蜂蜜、果酱、炼奶、甜奶油、巧克力酱,都很好吃!

一句话总结:其实就是将甜奶粥冰过再吃······

。甜蜜香浓型。

材料基本一样,甜奶粥煮好后,加入两个打发的鸡蛋液,放入搅拌机打成糊~

将糊倒入模具中,撒上葡萄干和碎干果~

烤箱预热到200℃,放入一小碗水,将装好糊的模具放入烤盘,烘烤10分钟左右~

水 八分满

大米布丁!
浓妆淡抹总相宜!

小贴士:
○烘烤的时间依照烤箱功率不同而调整,初次制作时要随时观察,防止烤焦~
○刚烤好的大米布丁会膨胀,趁热吃,放凉后会塌下去哦!

香蕉蛋奶糕

香蕉蛋奶糕是美味又健康的一道小点心，浓香嫩滑而又营养低脂，给小BB吃也是非常好的哦！

芭..芭娜娜...

材料： 香蕉2根，牛奶200毫升，鸡蛋2个

方法：

① 将鸡蛋打发成为发泡的蛋液～

② 将蛋液、牛奶、去皮的香蕉放入搅拌机打均匀，成为糊状～

③ 将糊倒入小碗或小杯子中，蒸锅加水煮沸，将糊放入锅中蒸熟，蒸的时候锅盖开一个小缝！

嘻呵呵...

如果是成年人食用，可以将糊放入预热200℃的烤箱中烤10分钟，出炉后挤上蜂蜜或炼奶，味道更好哦！

越吃越苗条的木瓜牛奶布丁

最近又胖了…

卷入无休止的减肥战斗…

咕叽咕叽

做个能帮助减肥的甜点吧——木瓜牛奶布丁！

木瓜和牛奶营养都很丰富，木瓜中的蛋白酶能将脂肪分解成脂肪酸，木瓜酵素能帮助消化蛋白质，利于营养吸收，木瓜牛奶布丁，就是通过木瓜蛋白酶和牛奶蛋白质结合凝固而成，完全无添加哦！

蛋白酶

蛋白质

做法：

① 将木瓜榨汁～

切块

② 将牛奶倒入锅中加热至沸腾，关火～

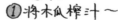

③ 将木瓜汁与牛奶倒入容器中，搅拌均匀，晾凉后放入冰箱，凉透后就会凝固了～不要冰太久。

④ 将木瓜果肉切片,装饰在布丁上面,淋上蜂蜜或者炼奶,完成咯!

香甜嫩滑,清新爽口!

真的好吃!好爱吃!

你给我差不多一点!

(误) 不要因为低热量而放松警惕…

小贴士:

① 也可以用奶粉来做,将奶粉与木瓜汁调均匀,冲入热开水搅均匀,晾凉即可。

② 木瓜汁与牛奶的比例应是 1:1,或是 2:3,木瓜汁太少的话就很难凝固。

③ 牛奶一定要够热~

④ 做好后马上吃,若时间放长了会变苦哦!还等什么!

香芋雪糕，吃了能减肥的甜点

小时候放学，我很喜欢买上一个香芋雪糕，香香甜甜的，真的很爱吃啊！

长大后，我可以自己做香芋雪糕，随时回忆幸福的感觉！香芋能软坚散结，对肠胃、肝肾大有益处，是充满正面能量的健康食品喔！

① 将芋头蒸(煮)熟，去皮，用勺子压成芋头泥～

压压

② 分几次加入淡奶油和鲜牛奶、蜂蜜，用打蛋器充分搅匀，成为可流动的糊状～

自己做香芋雪糕，完全无添加，怕胖的话可以不加奶油哦！好像回到小时候！

③ 将芋头糊倒入模具中，放入冰箱中冷冻至凝固，拿出来就可以吃啦！

细腻的牛奶冰霜

如果喜欢比冰淇淋更清爽的口感,冰霜是很好的选择哦!

热量很低,口味相当清爽哦!

做法非常简单,自己在家试试吧!
需要准备的器具:

电锅内胆

大碗

大小两个容器,
要够深～

① 在锅内注水,将大碗放入锅内,水不要没过大碗口～

 水

② 放入冰箱冷冻至锅水结冰～

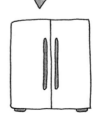

③ 锅内的水结冰后，取出，此时冰会将大碗和锅
冻在一起，在碗内注入牛奶 (果汁或其他饮料均可)。

④ 不断搅拌牛奶，会发现牛奶渐渐变稠，结成霜状，
多加搅拌至牛奶完全结霜，就完成啦！

⑤ 加红豆或者果酱，炼乳，冰冰滑滑的比刨冰好吃哦！

好吃好吃！

非常细腻！

超省能源的薏米红豆汤制作法

薏米和红豆通常都是要煮很长时间才能吃.
真是伤脑筋呐!

砂锅 2小时

电压力锅 1小时

有一天偶然得知——

真的是超省能源超方便呢!
来试试吧!

先准确一个保温瓶，不锈钢的最好哦！

直接放入干的红豆和薏米，不需泡的哦！

唰啦　←红豆混合薏米，适量.

烧一壶开水.

将开水倒入保温瓶，扭紧盖子～

放置 8—10 小时，就 OK 了！
建议晚上泡上，第二天起床就能喝上
美味的红豆薏米汤啦！

同理也可以加入其他谷物，也可以做粥哦！

小米

绿豆、眉豆、黑豆…

燕麦

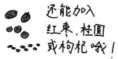

还能加入
红枣、桂圆
或枸杞哦！

创意美食快乐多

可爱的熊熊饭

天天都吃这样的饭木有新意！

人家偶尔也想吃点特别的饭啦！一起来做可爱的熊熊饭吧！

不是熊熊吃的饭啦！

♥熊熊泡澡咖喱饭

先做咖喱：

① 将鸡肉或牛肉、洋葱、土豆、胡萝卜切成小丁(也可加入苹果和番茄丁)，加一点盐和橄榄油，放入锅中翻炒，然后加入水(漫过菜)，煮沸后改用小火继续煮。

 OR

②将咖喱块放入锅中(使用量可以根据自己的口味而定),
完全融化后搅拌均匀,煮至咖喱呈粘稠状~

时常搅拌
防糊底!

煮咖喱的过程中,可以做熊熊~
请保鲜膜帮忙,将白饭团成熊熊头、耳朵、手和脚~

将海苔剪成熊熊的五官和爪爪,
粘在饭团上.

将饭团摆在盘子上,咖喱装入盘中,完成 ♥

♥下面是:熊熊睡觉蛋包饭
和蛋皮最搭的肯定是番茄炒饭啦!
在锅中加入橄榄油,加热,加入切碎的大蒜、洋葱、虾仁,
炒香后加入白饭和番茄酱翻炒均匀,撒上盐和胡椒粉,番茄
炒饭就OK了。

煎蛋皮：

平底锅中加入橄榄油，倒入蛋液（加点牛奶和盐哦），转动锅，让蛋液均匀扩散成为圆形，凝固后取出，用刀切成一征方形，边角部分叠成长方形小枕头的形状～

在白饭中加入蚝油拌匀，成为棕色的饭，用保鲜膜团成熊熊的头、耳朵、手，用海苔装饰～

摆盘：

将番茄炒饭放在盘子的一边，另一边放上枕头蛋卷、熊熊头和手，最后盖上方形蛋皮被子，完成啦！

熊宝宝～非常口耐～喔呼喔呼好棒哦～～

盆栽甜点

种一个小盆栽，摆在写字桌上，真的好可爱！

盆栽甜点也越来越流行了哦！试着自己在家做一盆可以吃的盆栽吧！

材料：
奥利奥饼干、淡奶油、糖、薄荷叶、底料（如蛋糕、奶茶、咖啡、果汁等）

方法：

① 将奥利奥饼干的夹心去除，放入保鲜袋，用擀面杖压碎，也可以用其他黑色或咖啡色饼干代替！

② 将糖粉筛入淡奶油中，搅打至硬性发泡～

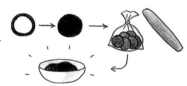

③ 以盆栽蛋糕为例，将戚风蛋糕切成合适的大小，放入盆中～

④ 将打好的奶油装入裱花袋，或装入保鲜袋，剪个口子，将奶油挤在蛋糕上～

⑤将碎饼干铺在奶油上，
看上去就像泥土一样！

⑥将薄荷叶插在碎饼干上，
盆栽蛋糕完成 ♡

也可以用同样的方法做出盆栽奶茶、盆栽咖啡、
盆栽果汁、盆栽酸奶(推荐！奶油都省了！)……

如果手边没有薄荷叶，可以用芹菜、茴香等来代替！
用冰淇淋代替奶油，口感会更有层次喱！

用盆栽招待朋友吧！真的可以吃哦！层层有惊喜！

香喷喷的肉脯和肉松

肉脯和肉松是受欢迎的零食，
来看看自己在家如何做吧！

——很简单哦。

需要的器具：

锡箔纸

擀面杖

平底锅

大铁锅

保鲜膜

电饭锅

大菜刀

菜板

臼和杵

需要的食材和调料：

瘦肉(牛肉、猪肉)

酱油
OR
鱼露

砂糖

料酒

五香粉
OR
胡椒粉

138

将瘦肉剁成肉末.

将各种调料适量加入到肉末里，搅匀

酱油料酒混合液

将搅匀的肉末放在锡箔纸上

铺上保鲜膜,用擀面杖将肉末擀得薄薄的。

平底锅小火预热,将整张锡纸放入。

继续用很小的火,慢慢将肉片烘烤至脱离锡纸,直至干透,
呈半透明状,就可以吃了哦!

肉脯完成!
和买的一样
好吃!

真的很需要耐心哦!

下面是肉松的做法:

肉切小块,放入电饭锅焖到松软,压力锅更好哦!

将肉块放入臼中,捣碎.

小火预热大铁锅,将捣碎的肉放入.

保持小火，迅速翻炒肉松，分几次加入调料，
  持续翻炒至肉松干燥即可。

肉松配白粥可真是好吃啊！

晾凉装罐保存

好吃的牛肉干

牛肉干营养丰富,味道美,易保存,重量轻,在古代是蒙古骑兵喜爱的食品,现在则是广受欢迎的大众零食!

不能拒绝!爱吃爱吃!

尝试自己在家做牛肉干吧!有不同的方法喔!

方法一:

食材:精牛肉、酱油、糖、姜、蒜头、黄酒、五香粉

① 将牛肉切成大块放入锅中煮熟

② 将大块牛肉顺纹理切成1厘米宽的条形,放入锅中,加入所有调料,小火慢卤,直至卤汁收干～

③将卤好的牛肉条放入预热 150℃ 的烤箱中，加热 30-40分钟左右，完成！

垫蛋糕纸
或锡纸哦！

中途翻面～

方法二：

① 将切好的牛肉条放入饭盒，加入调料后手抓拌匀，盖上盒盖放入冰箱中卤6个小时，放过夜也行～

抓抓

② 将卤好的牛肉条放入盘中，放进微波炉里高火7分钟，翻面，继续微波至牛肉条干掉为止，完成！

💡 小贴士

· 调料可以按自身爱好搭配，孜然、咖喱、花椒、红酒、米酒都不错喔！
· 除了使用烤箱和微波炉，也可以用油锅炸干后再撒一次香料粉，味道超正！
· 烤或炸时要随时观察防止焦掉，电器功率不同，用时也不同呢！
· 使用火锅专用肉片，能减少烹饪时间喔！

童年的蛋黄小饼干

蛋黄小饼干是小时候喜欢的食品～

好怀念！做看看！

食材：全蛋1个，蛋黄2个，白糖35克，低筋面粉90克

做法：

① 将全蛋、蛋黄、白糖放入干净无水的盆中打发，是加白糖，最好有电动打蛋器，打至稠厚细腻，泡沫产生纹路为止。

② 低筋面粉过筛倒入蛋糊中，用刮刀上下翻拌均匀～

③将面糊装入裱花袋(保鲜袋也行),在烤盘上铺油纸,将面糊挤成圆形~

④烤箱预热180℃,烤盘放中层,烘焙20分钟,取出放凉品尝,如果软芯就再烤一下~烘焙时长要依据饼干大小和烤箱功率来定哦!

浓香酥脆,小时候的好味道!

巧取石榴籽

石榴是美味的时令水果～

哇～～～

呆

饞

但是石榴籽真的很难弄！

不仅慢，还搞了一手汁。

抠抠～

有好办法哦！

一下下就OK咯～

148

需要的工具:

锉 ——

刀

金属勺子

① 将石榴去头去尾

 切！ 完成

② 在石榴的顶部切十字花刀

切！

顶部图

切到 1/3 处即可

③ 将石榴掰开成为 4 片 (每片是 1/4).

④ 将石榴皮向上,籽向下,拿在手里,对准碗～

⑤ 关键步骤，拿出勺子，敲击石榴皮

啪 啪 啪！

石榴籽纷纷落下 ～♡

迅速得到一大碗石榴籽！

美！

直接吃，榨汁，装饰甜点，配刨冰……

好吃好吃！

幸福 幸福！

在高级餐馆用餐

WHAT？在高级餐馆用餐？！

← 少见多怪

怎办啊？！怎办？！

最怕这种场合！

← 没见过世面的土包子

担忧　　　紧张

不清楚西餐礼仪，会很丢脸啊！…

哇～～～

冷静、果断地总结了一下，在不清楚状况的
情况下，在高级西餐厅用餐则归纳为"低调"二字。

认真　　　　　认真

① 服饰低调

正确示范

劲爆的
打扮

错误示范

一件样式简单、颜色低调的、膝盖以下的连衣裙
是最保险的选择，记得穿丝袜哦！

② 进入餐厅的走路依调

哇哈哈哈!

喧哗!

轻缓　　优雅

正确示范　　　　错误示范

③ 坐姿依调

点菜啦!

好饿哦!

正确示范　　　　错误示范

错误示范小朋友不要学哦!

④ 不会点主菜，怎办？
　点菜依调。

真的很好吃嘛！

如果点了牛排

可能给人的
仰象是 →

暴发的土包子

如果点了甲壳类

可能会造成
这样的结果 →

一哇一

斯文尽毁……

而点鱼是最保险的，健康，简单～

⑤ 紧张的时刻到来了！对品酒一窍不通，怎办？！

品种？
阳光？
雨水？
19XX 年份？

产地？
卢瓦河？
勃艮地？
...

这些都是啥？

酒庄？
格拉夫？
苏特恩？

← 完全没概念

糟了！

酒单上的字看上去像豆芽菜...

此时如果点最贵的，可能会造成没品味的印象，还对不起钱包。

如果点最便宜的，又太过寒酸...

酒单上倒数第二或第三便宜的是最安全的选择 ——

口味独特 ～ 切记红肉搭红酒，海鲜搭白酒哦！

白酒 →

嗯，哼～

⑥ 吃相低调，谈话低调～

低声

吃个饭好累哦…

不可以这样哦！

 # 后 记

非常感谢各位阅读我这本书！

我是一个对美食完全没有任何

抵抗力的人，

经常盘算着接下来吃点啥～

爱上烹饪后，

觉得想吃什么随时可以做的感觉

真是太幸福了！

自己烹饪也为与家人朋友们在一起

的时间增添了许多乐趣和美好

的体验！

一起来与家人朋友共同制作美食，
品味幸福快乐的时光吧！
在此我谨对一直给我鼓励，
给予我支持的各位致以衷心的谢意，
承蒙各位的关照，
谢谢你们 ♥